AF354682

A todos los que entienden que uno no se puede considerar profesional si frecuentemente improvisa en los incidentes.

José Musse

Las recomendaciones, ideas, sugerencias, descripciones y métodos presentados en este manual tienen únicamente propósitos educativos. Ni el autor o la editorial asumen responsabilidad legal por daños como consecuencia del uso de este material. El uso o interpretación de este libro es exclusivamente a riesgo de cada usuario.

ISBN: 978-612-00-0779-2

Contenido

Dedicatoria

Este manual esta dedicado al trabajo de los moderadores del Foro de Emergencias y Desastres (***Waterbomber.com***).

Enrique Martín Cuervo, Fernando Bermejo Martín, Rony Iván Véliz, David Rodríguez Carrasco, Gerardo Fabián Crespo, Martín León Li, Eudo Hernández, Andrés Medina Villegas, Raúl Leiva Escudero y Mariana Sathya Llull.

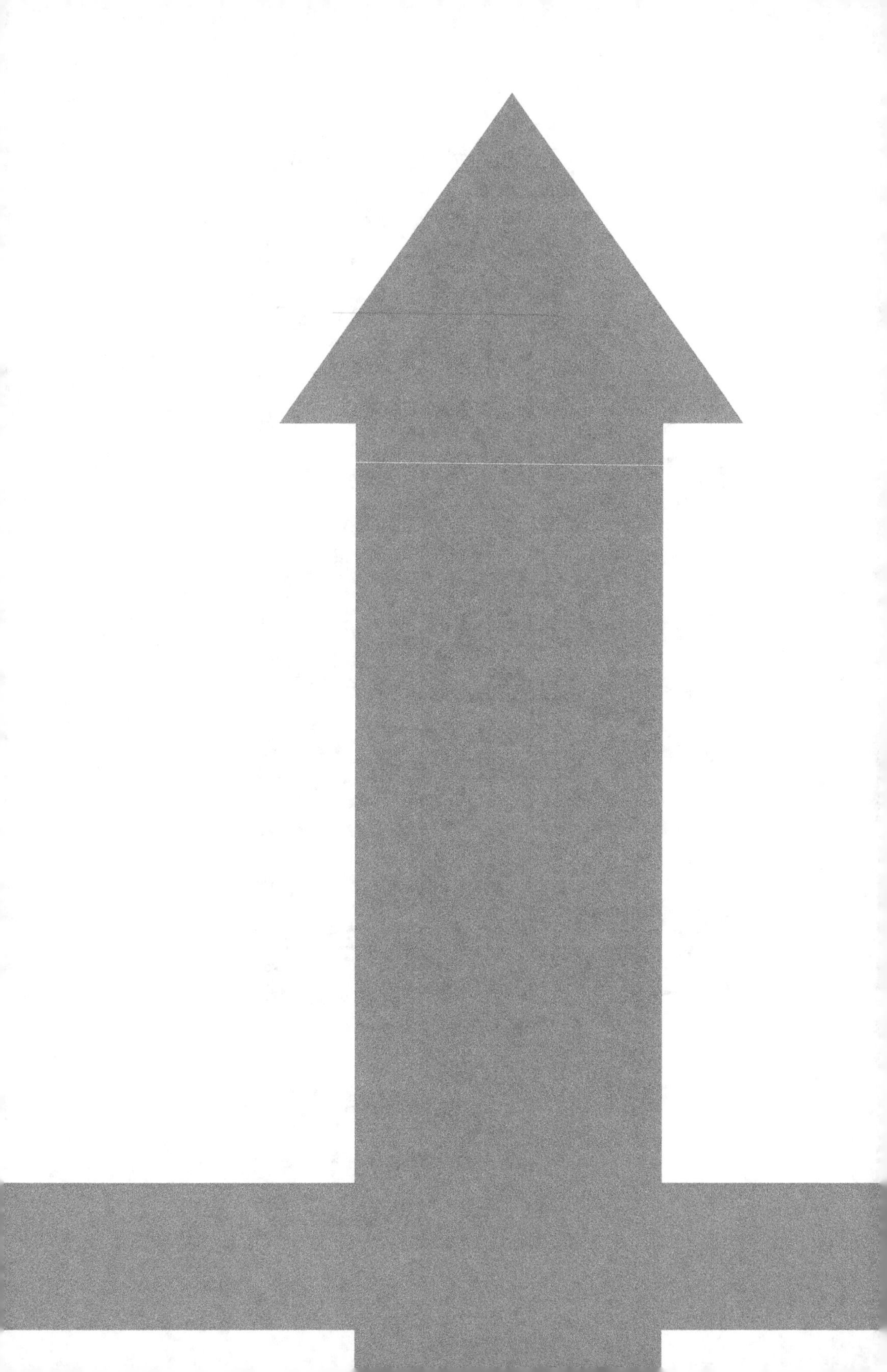

MANUAL PROCEDIMIENTOS EMERGENCIAS

Capítulo I

Alcances

El presente Manual es de fácil aplicación y su estudio toma pocas horas. Es finalmente una guía de ejecución en la escena misma, y esencial pauta de orden para todo aquel que desee tener éxito en la administración de emergencias.

Es responsabilidad de los emergencistas, entrenarse, ejercitarse y dominar las prácticas seguras que difunde las diferentes organizaciones de investigación, normalización y entrenamiento internacional.

MANUAL

PROCEDIMIENTOS

EMERGENCIAS

Capítulo II

ARTÍCULO 1.— Solamente podrá dar órdenes personal calificado, estando en el lugar de la emergencia.

Los oficiales podrán identificarse y asumir el mando, como transferirlo de acuerdo a su calificación profesional, certificación y recertificación anual. Es deber de todo oficial velar por el estricto cumplimiento del ***Manual de Procedimiento en Emergencias***.

ARTÍCULO 2.— El Comandante del Incidente es el emergencista de mayor calificación profesional en el lugar de la emergencia y que decide asumir la dirección de las operaciones de emergencias. Es deseable que posea certificación en el Sistema de Comando de Incidencias (***Incident Command System***). No es necesariamente miembro de una institución o corporación.

ARTÍCULO 3.— El Comandante del Incidente es el responsable de todas las maniobras y sus consecuencias.

ARTÍCULO 4.— El Comandante del Incidente es reconocido internacionalmente por las siglas IC (***Incident Commander***) las que debe llevar en un chaleco, de igual manera los miembros del Staff del Comando y otros miembros encargados de divisiones o sucursales, para asegurar una mejor comunicación nacional e internacional.

ARTÍCULO 5.— Todo incidente sin importar su duración debe contar con un Puesto Comando del Incidente.

ARTÍCULO 6.— Integran y asesoran el Staff del Comando, los siguientes:

a. Oficial de Seguridad.
b. Oficial de Información.
c. Oficial de Enlace.

ARTÍCULO 7.— El oficial al mando asume la dirección y ubica un lugar geográfico fijo para dirigir el incidente denominado Puesto Comando del Incidente (***Incident Command Post***)

ARTÍCULO 8.— El oficial al mando, puede encontrar escenarios sin señales de emergencia. Igual el oficial al mando debe establecer el Puesto Comando del Incidente para dirigir las investigaciones.

Ataque rápido: Situación de muy pequeña escala que es conjurada en menos de 5 minutos, contando desde que la primera manguera entra en operación.

ARTÍCULO 9.— El Comandante del Incidente podrá delegar funciones y autoridad a sus respectivos Jefes de Sección que integran el Staff General, nombrar Oficiales de Sector, etc.

ARTÍCULO 10.— El Oficial de Sector es el emergencista al cual el Comandante del Incidente u otro miembro del Staff General da la responsabilidad de dirigir o supervisar directamente determinada misión o labor o asigna un área geográfica como: Lado A, Lado B, Lado C, Lado D, interior, exterior, accesos, etc.

ARTÍCULO 11.— El Comandante del Incidente, podrá nombrar un número indeterminado de Oficiales de Sector, según sean sus necesidades.

ARTÍCULO 12.— Es responsabilidad del Comandante del Incidente y de los de Oficiales de Sector, escuchar las recomendaciones de expertos civiles en materia en que los emergencista no tengan pericia. Los que serán reconocidos como Técnicos Especialistas y estarán bajo el control de Jefe de la Sección Planificación

(*Véase organigrama extendido del ICS en la documentación original del FEMA*).

ARTÍCULO 13.— Los bomberos que integren equipos para desarrollar alguna misión o determinada labor reportarán sus inquietudes a su respectivo Oficial de Sector, los mismos que reportarán si lo creen necesario al Comandante del Incidente o al Jefe de la Sección Operaciones.

MANUAL PROCEDIMIENTOS EMERGENCIAS

Capítulo III

▶ Protección

ARTÍCULO 14.— El bombero deberá utilizar toda prenda de protección personal que se le haya asignado. Esta debe ser vestida mientras se encuentre en el lugar de la emergencia. En fugas de gas, incendios o materiales peligrosos es obligatorio el Equipo de Respiración Autónomo.

ARTÍCULO 15.— En escenarios de materiales peligrosos será el número de Naciones Unidas el que defina la protección personal.

ARTÍCULO 16.— El bombero en incendios estructurales contará el siguiente equipo para su uso personal:

- Arnés y soga simple de 20 m. de largo.
- Linterna halógena y juego de tacos de madera para bloqueo de puertas y bloqueadores de caucho para puerta y dos tizas simples.

ARTÍCULO 17.— Ningún bombero podrá alejarse de su unidad móvil sin llevar todo su equipo de protección personal completo y el adicional requerido. Salvo disposición expresa del oficial al mando y bajo responsabilidad de éste.

ARTÍCULO 18.— Se considera falta de eficiencia que un miembro del equipo retorne una o más veces por herramientas o equipos de protección a su unidad.

ARTÍCULO 19.— Es responsabilidad de todo bombero, velar por la inmovilización de cuerpos y/o materiales que pudieran ser evidencia de algún delito.

ARTÍCULO 20.— Los bomberos que trabajen en labores directas de búsqueda, rescate y/o combate de incendios y que estén expuestos a altas temperaturas o calor radiante sólo deberán trabajar por veinte minutos consecutivos como máximo.

ARTÍCULO 21.— Podrán reingresar hasta dos veces más, si precediera un descanso de diez minutos en cada período, en caso de haber escasez de personal.

ARTÍCULO 22.— Se deberá implementar un equipo **Rapid Intervention Team** con el propósito de salvaguardar la vida de los bomberos que trabajen en la escena. La segunda unidad al arribar será responsable de esta labor.

ARTÍCULO 23.— Hasta que la unidad arribe, el equipo inicial debe designar al menos a un bombero a esta labor.

MANUAL DE PROCEDIMIENTOS DE EMERGENCIAS

Capítulo IV

ARTÍCULO 24.— Los vehículos de emergencia deberán ser sometidos semestralmente a una inspección técnica por sus respectivos especialistas en mecánica automotriz, siguiendo las normas de los fabricantes.

ARTÍCULO 25.— Ningún vehículo de emergencias podrá estar en servicio si no cumple los siguientes requisitos:

- Cinco bomberos.
- Tanque de combustible con no menos del 30% de su capacidad total.
- Tanque lleno de agua y/o un rating de extinción U.L. de 20A:120BC en extintores portátiles.

MANUAL PROCEDIMIENTOS EMERGENCIAS

Capítulo V

ARTÍCULO 26.— El Comandante del Incidente, utilizará el Pre Plan de Incendios.

ARTÍCULO 27.— Un Pre Plan de Incendios es una guía técnica que se encuentra en el auto comando; Describe y traslada información recogida en las inspecciones de incendios sobre condiciones del edificio, ocupación, carga combustible, número de ocupantes, red contra incendios, ubicación de rociadores, etc. Es un instrumento vital para el Comandante del Incidente y una efectiva herramienta para la toma de decisiones. Un Pre Plan de Incendios debe ser actualizado anualmente como mínimo.

ARTÍCULO 28.— Las prioridades en las emergencias de incendio serán como siguen:

- Rescate de vidas.
- Protección de los recursos naturales.
- Salvamento de propiedades.
- Control del fuego.

ARTÍCULO 29.— En caso de un fuego y/o emergencia, la primera maniobra a realizar será defensiva, es decir se evitará por todos los medios disponibles que el riesgo se propague a otras áreas o unidades separadas. Solo se realizará una maniobra ofensiva, es decir se concentrarán todos los recursos en la extinción, cuando se cumplan los siguientes requisitos:

- Exista personal suficiente, entrenado y equipado para la naturaleza del siniestro.
- Conocimiento satisfactorio sobre los materiales involucrados y de las instalaciones.
- Agente extintor en el volumen requerido.

- No exista riesgo de colapso estructural y/o explosión.
- Otros riesgos extraordinarios que considere el Comandante del Incidente.

ARTÍCULO 30.— Una vez evaluada la emergencia, el orden natural de operaciones en incendios es la siguiente:

- Búsqueda y Rescate.
- Protección de Exposiciones.
- Confinamiento.
- Extinción.
- Reacondicionamiento.

ARTÍCULO 31.— Sin un orden previo y/o labores a realizar cuando se consideren necesarias:

- Entrada Forzada.
- Ventilación.
- Iluminación.
- Salvamento.

ARTÍCULO 32.— El Comandante del Incidente podrá ordenar el retiro de la unidad o unidades de bomberos.que hubieran en el lugar, inmediatamente y sin consulta previa si a su juicio el riesgo es alto o inminente para la seguridad de su personal. Posteriormente levantará un informe detallado de las circunstancia que lo llevaron a tal decisión.

Incidentes donde esto ocurra será obligatorio implementar un Incident Critique (***Véase Capítulo XIX sobre Incident Critique***)

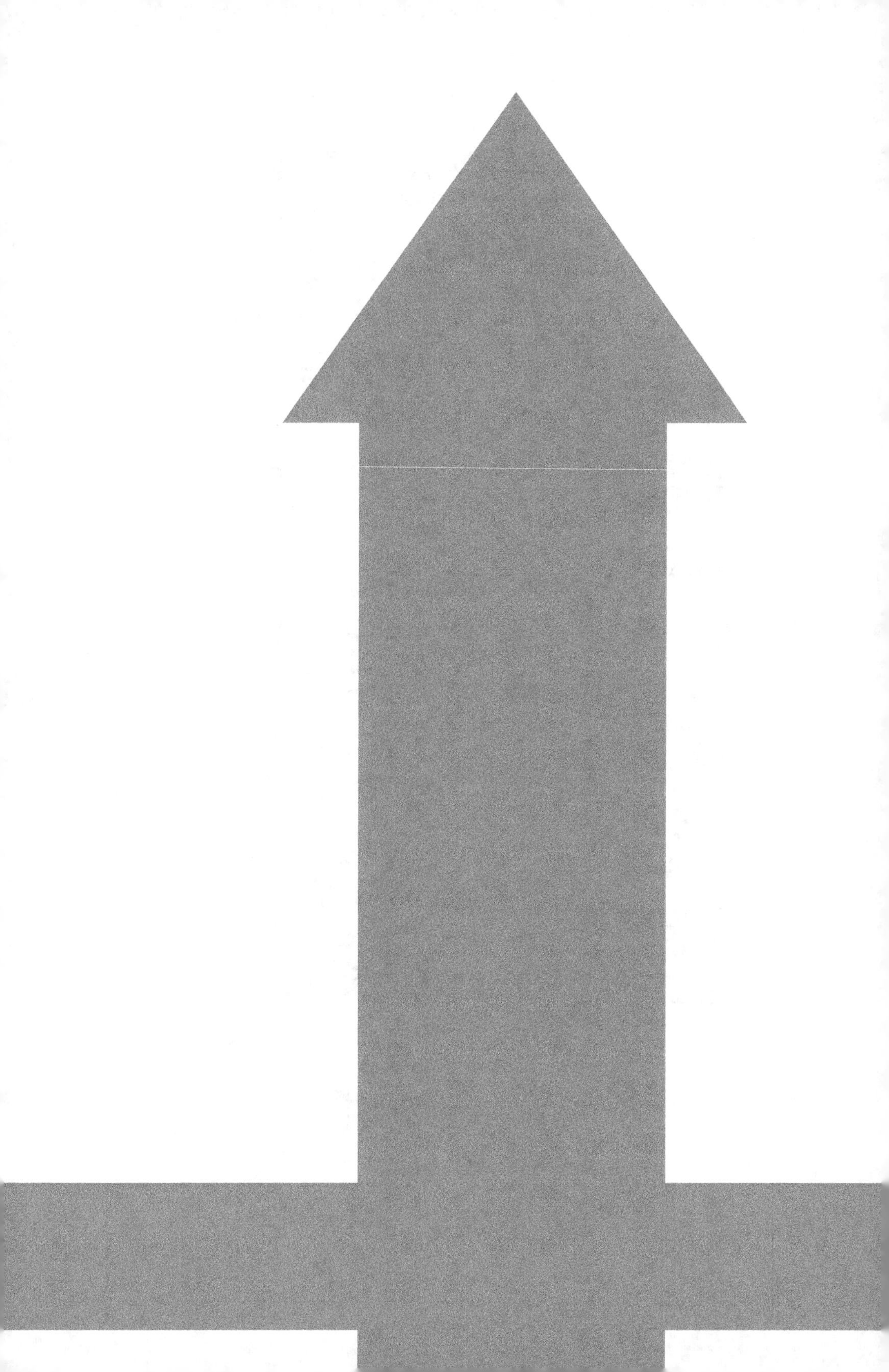

MANUAL

PROCEDIMIENTOS

EMERGENCIAS

Capítulo VI

▶ Ubicación

ARTÍCULO 33.— Toda alarma de fuego o de potencial fuego obligará al despacho de una alarma contra incendio por parte de la central de emergencias.

ARTÍCULO 34.— El despacho de las unidades será por alarmas y según los riesgos de incendio de la siguiente manera:

> ***Alarma:*** Tres autobombas, una unidad escalera, ambulancia o unidad médica, vehículo de rescate, auto comando y al menos dieciséis bomberos y cuatro oficiales.

ARTÍCULO 35.— Se cumplirán todas las disposiciones del reglamento de tránsito local aunque el mismo exonere a los vehículos de emergencia de acatar las reglas de tránsito. No se podrá viajar en los estribos de los vehículos de emergencia.

ARTÍCULO 36.— El personal en la cabina viajará con cinturones de seguridad, el vehículo al salir de su estación lo hará después de verificar el fiel cumplimiento de esta disposición, no se permite un pasajero adicional a la capacidad de cinturones de seguridad.

ARTÍCULO 37.— En caso de involucrarse en una colisión de vehículos que no revista gravedad, el vehículo de emergencia informará a la central de emergencias, tomará la placa de rodaje de los vehículos y le notificará brevemente sobre su posterior encuentro a los afectados en la Estación de Policía correspondiente al sector, luego de atender la emergencia a la que se dirige. No dejarán bomberos, rescatista u otros en el lugar. Si el daño para los ocupantes del vehículo civil o bomberil fuera grave, se anulará su concurrencia a la emergencia, para lo cual se notificará a la central de emergencias para envío de ayuda y cancele su concurso a la emergencia.

ARTÍCULO 38.— En la cabina de los vehículos de emergencia se mantendrá la concentración en el trabajo mientras dure el desplazamiento, siendo el oficial al mando quien utilizará la radio, este dará el derrotero de la ruta a seguir y velará por un manejo defensivo. El segundo en la línea jerárquica es responsable de la revisión de planos o guía de calles y avenidas.

ARTÍCULO 39.— Ninguna unidad contra incendio, ni ambulancia o unidad médica ingresará a áreas de alto riesgo sin la orden expresa del Comandante del Incidente y/o Jefe de la Sección Operaciones, debiendo ubicarse en la llamada Staging Areas.

ARTÍCULO 40.— Ningún vehículo de emergencia, deberá parquear en el frontis de un edificio afectado por el fuego cuya construcción sea de quincha o adobe o su antigüedad sea superior a los 60 años. La distancia permisible será de treinta m. y al lado contrario de la dirección del viento.

ARTÍCULO 41.— El Comandante del Incidente entenderá que los camiones escaleras deben ubicarse en el frontis de edificios o áreas siniestradas para obtener una mayor cobertura.

ARTÍCULO 42.— Durante la atención de emergencias permanecerán todas las unidades con las luces de emergencia (circulina).

ARTÍCULO 43.— Toda unidad vehicular llevará consigo los siguientes documentos en la cabina:

- Manual de materiales peligrosos.
- Manual de Procedimientos en Emergencias.
- Largavista.
- Linterna de mano.
- Mapa de la ciudad.
- Cuaderno de ocurrencias a incidentes.

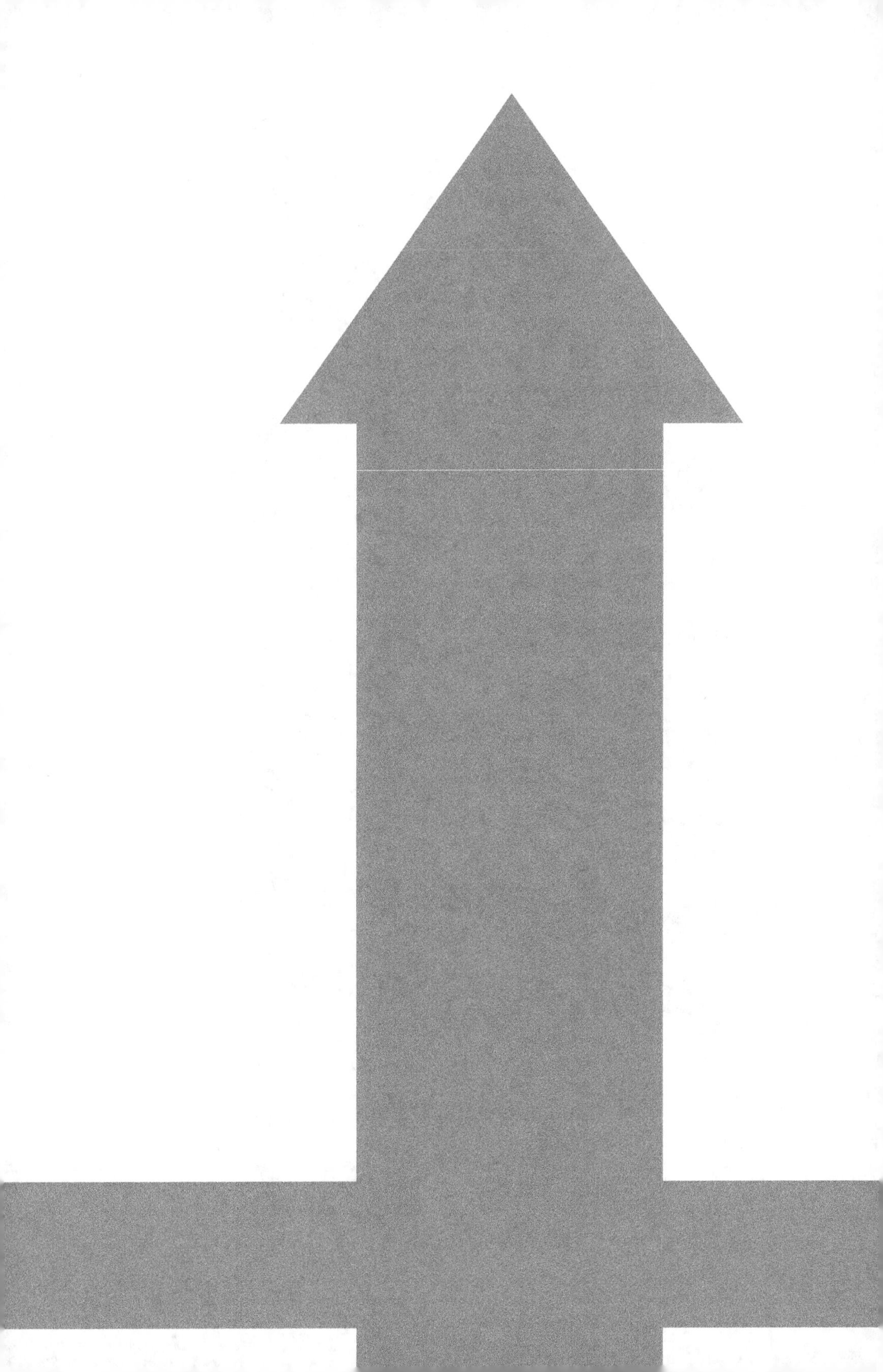

MANUAL

PROCEDIMIENTOS

EMERGENCIAS

Capítulo VII

ARTÍCULO 44.—En incendios se realizará una búsqueda primaria y una secundaria.

Búsqueda primaria: Los bomberos buscarán en las habitaciones aledañas al fuego e inmediatamente sobre el fuego. En parejas los bomberos trabajarán. Un bombero permanecerá en la puerta de una habitación, mientras el segundo entrará. El primero marcará en la puerta o pared aledaña, día, hora y nombre del bombero que hizo la búsqueda.

Búsqueda secundaria: Los bomberos antes de retirarse de la escena de un incendio estructural revisarán minuciosamente los contenidos de la edificación. En parejas los bomberos deben trabajar. Un bombero marcará en la puerta o pared aledaña, día, hora y nombre del bombero que hizo la búsqueda secundaria.

ARTÍCULO 45.— Los bomberos buscarán a personas y animales que rescatar, así como comunicarán el desarrollo del fuego o indicios importantes al Comandante del Incidente. Se realizará un rescate primario al arribo inicial al incidente, que será rápido con el propósito de salvar vidas y una búsqueda secundaria al final con el propósito de recuperar cuerpos o detectar focos de fuego que requieran extinción o advertir potenciales peligros en la estructura.

ARTÍCULO 46.— Ningún bombero ingresará a edificaciones o realizará las labores de búsqueda y rescate, cuando no se haya asegurado al menos dos vías de salida alternas a la que estuviera usando.

ARTÍCULO 47.—En cualquier labor de búsqueda y rescate en lugares con amenaza de fuego, explosión, derrumbe o que estuvieran involucrados materiales peligrosos, el bombero deberá ingresar solamente como miembro de un equipo. En todo caso deberá esperar que todo el equipo de respuesta a la alarma llegue y se disponga de un ***Rapid Intervention Team*** (***Véase capítulo Protección***).

ARTÍCULO 48.—La primera labor a realizar será la de búsqueda y rescate primaria, esta operación deberá realizarse en lugares donde se prevea la posibilidad aunque sea remota de víctimas. En la habitación adyacente al fuego y en el piso inmediatamente superior del fuego y otras áreas a discreción del Comandante del Incidente.

ARTÍCULO 49.— No podrá aplicarse ningún chorro de agua de manera directa al fuego que provoque vapor o corrientes de aire que amenace la integridad del o de los bomberos que se encuentren en el interior.

ARTÍCULO 50.— El Comandante del Incidente deberá asignar un par de hombre para la labor de búsqueda y rescate por cada 100 m², la misma que puede ser reducida a criterio del Comandante del Incidente.

ARTÍCULO 51.— Cuando se trate de una emergencia en vivienda multifamiliar, oficinas comerciales y/o de Riesgo Medio o Alto, se definirá un equipo mínimo de cuatro hombres. Los mismos que llevaran el siguiente equipo básico:

- Dos equipos de radio.
- Tres tanques de aire comprimido de repuesto.
- Tres mangueras de 1½" o 1¾" en forma de libro y de 15 m. de largo c/u.
- Una manguera de 2½" en forma de libro y de 15 m. de longitud.
- Tres tramos cabo de nylon blanco de tres cordones, cada uno de 30 m. o similar para labores de rescate (adicional a su equipo personal, véase capítulo Protección).

- Alarma Personal de Seguridad (PASS)
- Dos hachas.
- Un extintor de agua.

ARTÍCULO 52.— El Comandante del Incidente dispondrá de un equipo de bomberos para seguridad de los que se encuentren en el interior (***Rapid Intervention Team***). Estos estarán listos para apoyarlos en su trabajo y tendrá al menos una manguera de 1½" o 1¾", con una extensión calculada para llegar al extremo más lejano de la estructura. En caso de ser necesaria una mayor maniobra podrán ingresar con extintores de PQS—ABC de 9 Kg con rating de extinción que no será menor a 20A:120BC o superior. El equipo adicional que estos usen, es a discreción de cada oficial y en todo caso no contradecirá lo estipulado en este Manual.

MANUAL PROCEDIMIENTOS EMERGENCIAS

Capítulo VIII

Escaleras

ARTÍCULO 53.— El bombero acarreará las escaleras portátiles según procedimientos normalizados en los correspondientes informes suplementarios de métodos correctos de trabajo.

ARTÍCULO 54.— El bombero al que se le asigne realizar una labor de escala o en altura, deberá usar su respectivo cinturón de seguridad y una soga de seguridad que le permita un descenso rápido en caso de requerir evacuar el lugar por amenaza de explosión, incremento térmico, colapso estructural, etc.

ARTÍCULO 55.— El Comandante del Incidente, Jefe de la Sección Operaciones u Oficial de

Sector es responsable de evitar aglomeración de bomberos en la escala, racionando los recursos humanos al mínimo posible.

ARTÍCULO 56.— El Comandante del Incidente, Jefe de la Sección Operaciones u Oficial de Sector responsable de ordenar el izado o levantamiento y/o ubicación de escalas portátiles inspeccionará el lugar personalmente y confirmará la ubicación, si los hubiera de cables eléctricos aéreos que amenacen o entorpezcan las labores.

ARTÍCULO 57.— El Comandante del Incidente, en operaciones nocturnas, ordenará iluminar con un reflector halógeno de preferencia, cualquier cable eléctrico aéreo que a futuro constituya una amenaza para la seguridad del personal de bomberos.

ARTÍCULO 58.— Si fuera necesario elevar o izar una escala en una zona donde existieran varios cables eléctricos aéreos, se procederá de la siguiente manera: El Comandante del Incidente informará a la central de emergencias para que ésta a su vez notifique al Servicio Público de Electricidad. Verificará que el personal de las unidades motorizadas sea el mínimo necesario y colocará personal a cada lado de la unidad para asegurar una maniobra correcta mientras dure el izado de la escala. De igual manera en la operación de recojo.

ARTÍCULO 59.— Cuando sea necesario un rescate de personas en edificios, las escaleras serán izadas a cinco m. de distancia, evitando su toma por personas atrapadas, en pánico o alteradas que no se encuentren en inminente peligro.

ARTÍCULO 60.— Las unidades con escaleras cuando se aproximen a ventanas donde hubiera personas atrapadas lo harán de arriba hacia abajo, evitando el lanzamiento de personas en pánico.

ARTÍCULO 61.— Cuando el Comandante del Incidente, ordene iniciar las operaciones de búsqueda y rescate, y se trate de un edificio con baja, mediana o alta ocupación, los camiones con escaleras se ubicarán una en el piso siniestrado y otra en el piso inmediato superior del siniestrado, de ser posible las camiones con escaleras estarán en lados diferentes de la edificación para una mayor cobertura del área siniestrada. Salvo orden expresa del Comandante del Incidente.

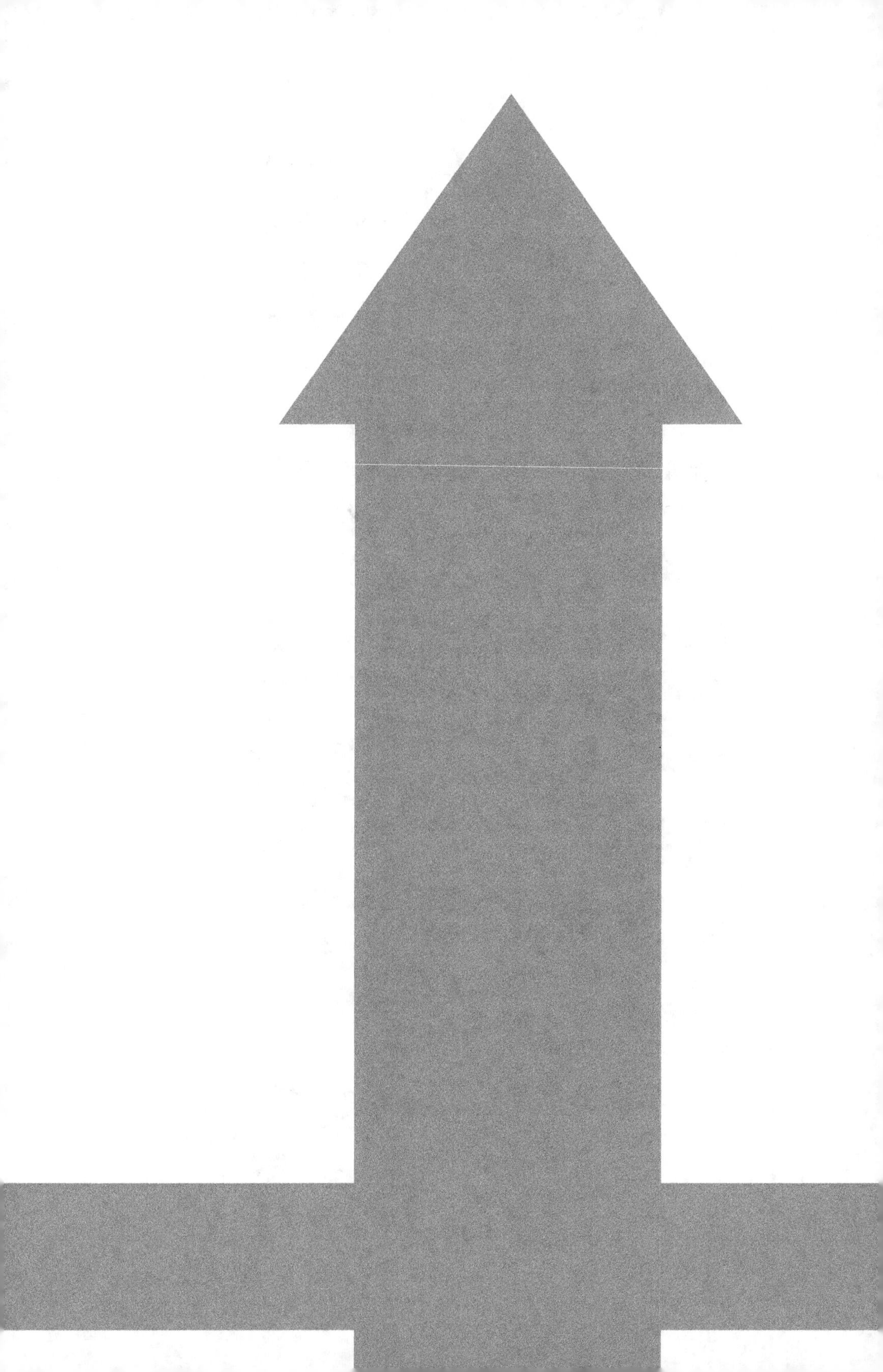

MANUAL PROCEDIMIENTOS EMERGENCIAS

Capítulo IX

Chorros

ARTÍCULO 62.— La primera maniobra con mangueras deberá estar dirigida a la protección de:

- Bomberos
- Ocupantes
- Exposiciones

ARTÍCULO 63.— El Comandante del Incidente, Jefe de la Sección Operaciones u Oficial de Sector es responsable de ubicar en el Cuarto de Maniobras el siguiente material como mínimo:

- Tres rollos de mangueras de 1½" o 1¾" de 30 m. de longitud c/u.
- Tres rollos de mangueras de 2½" de 30

m. de longitud c/u.

- Cuatro equipos Equipo de Respiración Autónomo completos.
- Seis cilindros de aire comprimido.
- Al menos una soga de nylon de ½" de tres cordones trenzado, con una extensión de 30 m. de longitud.
- Un pitón de 1½" o 1¾" con galonaje no menor de 125 G.P.M.
- Un pitón de 2½" con galonaje no menor de 250 G.P.M.
- Dos juegos de llaves de manga.
- Generadores eléctricos en situaciones nocturnas.
- Cuatro lámparas halógenas de preferencia con cables blindados.
- Cargador o baterías extras para radios.
- Kit de primeros auxilios médicos.

ARTÍCULO 64.— El Comandante del Incidente, Jefe de la Sección Operaciones, Oficial de Sector ordenará extender las mangueras interiores en una edificación, considerando que la misma debe tener la longitud mínima para llegar al punto más lejano de la estructura.

ARTÍCULO 65.— El Comandante del Incidente, Jefe de la Sección Operaciones u Oficial de Sector, estará atento a que la capacidad de presión sea suficiente para que el personal de bomberos que maneje boquillas o pitones pueda llegar al punto más lejano afectado y sin riesgo para su seguridad.

ARTÍCULO 66.— Se considerará un chorro más efectivo al que es aplicado de arriba a abajo, al que es aplicado de abajo hacia arriba.

ARTÍCULO 67.— Cuando el Oficial de Sector solicite una línea de apoyo, esta será de un diámetro mayor y con una capacidad de litros o galones por minuto superior a la que están operando en el lugar.

ARTÍCULO 68.— Cuando el Oficial de Sector solicite tender otra manguera, ésta se ubicará en un lugar diferente a aquel en que se está operando y podrá ser del mismo galonaje, en cuyo caso será deber del Oficial de Sector especificar sus características y futura posición.

ARTÍCULO 69.— Los bomberos utilizarán mangueras de 1½" como mínimo cuando el fuego o amenaza de fuego (fuga de gas) se presente en una vivienda unifamiliar o multifamiliar, descartándose el uso de líneas de menor diámetro. Se realizará esta operación aún cuando se desconozca la naturaleza de la emergencia de incendio, a manera de prevención. El Comandante del Incidente tomará las precauciones tácticas en caso de encontrarse con elementos reactivos al agua o que con su mezcla pudieran generar mayor riesgo.

ARTÍCULO 70.— Como referencia, para maniobras ofensivas o de extinción, los bomberos seleccionarán las mangueras y pitones de la siguiente manera:

- Fuego en una o dos habitaciones: Al menos se usará una manguera de 1½" y una capacidad de galonaje en la boquilla de 125 G.P.M. con una presión de 100 P.S.I. en la boquilla.
- Fuego en un piso de una edificación o amenaza con hacerlo: Se usarán man-

gueras de 2½" con una capacidad no menor de 250 G.P.M. y una presión en la boquilla de 50 P.S.I.

- El Comandante del Incidente, Jefe de Operaciones u Oficial de Sector determinará si caso contrario ubica monitores en el interior.
- Si el fuego se extendiera o amenazara con extenderse en una planta industrial: con un metraje superior a los 200 m^2. o se tratara de un incendio en dos pisos de una edificación, se usará uno o más monitores con flujo superior a los 500 G.P.M. a una presión de boquilla de 50—100 P.S.I.

ARTÍCULO 71.— Cuando el Comandante del Incidente deba aplicar agua para la Protección de Exposiciones, esta no será aplicada en divisiones de madera, calaminas, plastificados y metálicos, no menor a 0.30 G.P.M./pie^2 o 12 LPM/m^2.

ARTÍCULO 72.— Fuegos en sótanos serán atendidos con manguera de 2½" solamente.

ARTÍCULO 73.— Los bomberos protegerán las mangueras del paso de vehículos y de cualquier agente que pudiera dañarlas.

ARTÍCULO 74.— Los bomberos operarán las válvulas de los pitones, lentamente, con cuidado de los golpes de ariete.

ARTÍCULO 75.— No se operarán chorros de agua para el combate de incendios, con el método indirecto o combinado, en el interior de edificaciones ocupadas, cuando se pudiera generar vapor que queme, sofoque o genere una corriente de aire que empuje el fuego al interior. Tampoco está permitido utilizar neblinas de protección personal o neblinas 45° para el combate interior, salvo orden expresa del Comandante del Incidente.

ARTÍCULO 76.— En edificios o instalaciones ocupadas en que deban operarse chorros para evitar se bloqueen las vías de escape o cuando sea grave la amenaza de propagación hacia lugares ocupados, en tránsito o vías de escape o cuando sea grave la amenaza de propagación hacia lugares ocupados, en tránsito o espera de evacuación, se preferirán los chorros sólidos.

ARTÍCULO 77.— El Comandante del Incidente, Jefe de la Sección Operaciones o el Oficial de Sector, deberán evaluar y aprovechar el efecto indirecto del método indirecto de ataque.

ARTÍCULO 78.— Cuando sea necesario la utilización de chorros maestros, será el Oficial de Sector quien verifique la desocupación del área y quien certifique al Comandante del Incidente que dicha operación no afecte a persona alguna.

ARTÍCULO 79.— Cuando un edificio amenazado por el fuego esté ocupado y sea evidente su colapso estructural, el Comandante del Incidente ordenará una evacuación inmediata del lugar.

ARTÍCULO 80.— Escaleras interiores que se usen, vayan o puedan usarse como vía de escape o paso de bomberos o personal civil, cuando estén amenazados por el fuego deberán estar protegidas por mangueras del diámetro que el Comandante del Incidente, Jefe de la Sección Operaciones u Oficial de Sector considere y que en todo caso no será menor de 1½", ni proveerá un flujo menor de 125 G.P.M.

ARTÍCULO 81.— El tendido de mangueras en el interior de los edificios y escaleras será de preferencia por los bordes de la estructura, dejando el paso, para el libre tránsito.

ARTÍCULO 82.— Cuando exista riesgo de colapso estructural o derrumbe, los bomberos operarán en la escena con monitores o desde lo alto de otros edificios seguros, dirigiendo sus chorros desde las azoteas a la zona siniestrada.

ARTÍCULO 83.— Diariamente los pitones deben ser revisados. Mensualmente pitones y mangueras deben ser sometidos a un mantenimiento de acuerdo al fabricante.

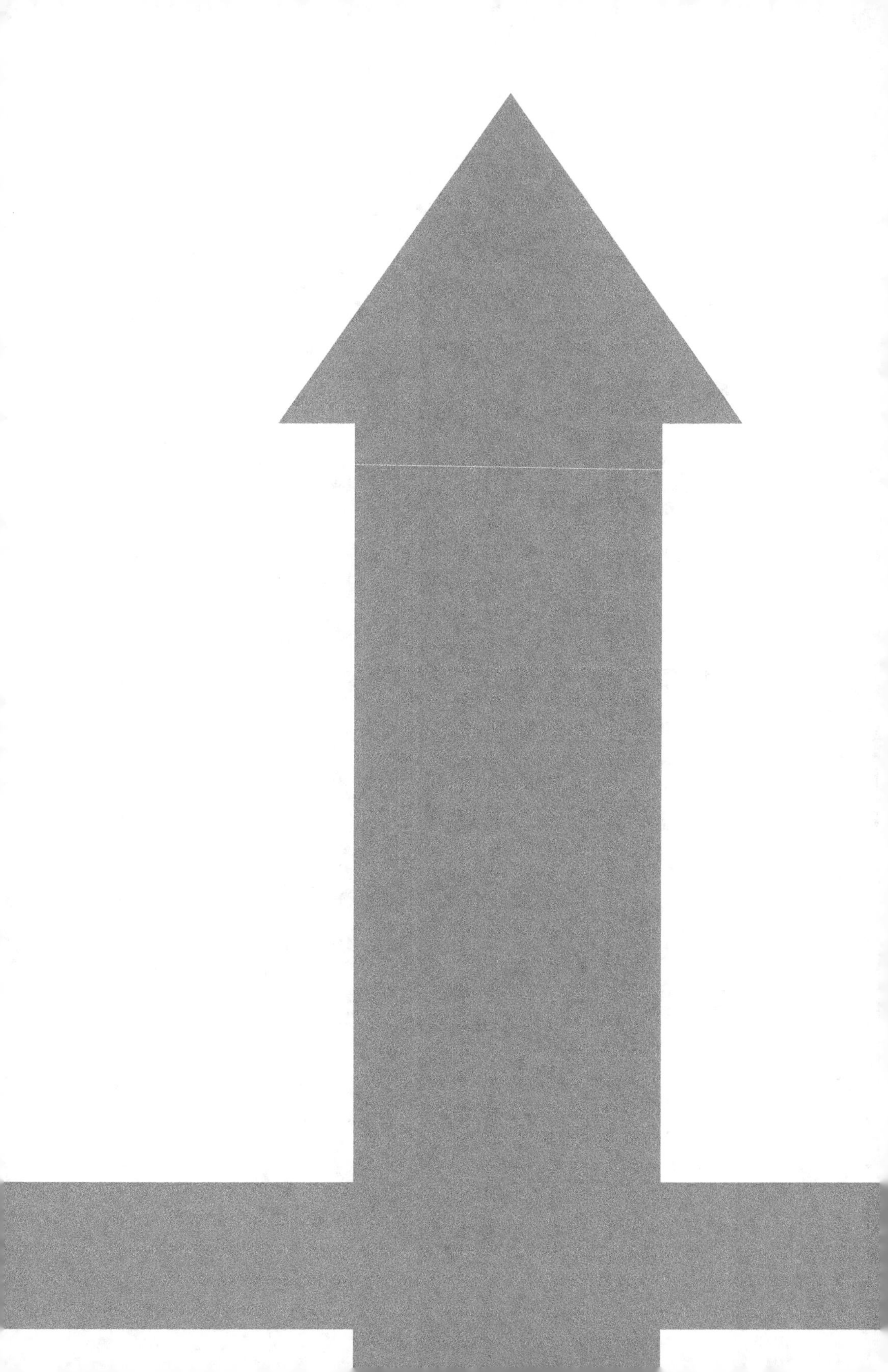

MANUAL

PROCEDIMIENTOS

EMERGENCIAS

Capítulo X

▶ Reacondicionar

ARTÍCULO 84.— Las operaciones de reacondicionamiento o salvamento se realizarán sin descuidar la protección del personal y de la población civil.

ARTÍCULO 85.— Toda operación o maniobra que involucre la remoción de escombros será supervisada directamente por un bombero experimentado. Será preferible contar con la asesoría del personal del lugar quien informará sobre la existencia de material peligroso.

ARTÍCULO 86.— Cuando se remueva escombros se realizará de manera que se evite la exposición térmica de material no quemado.

ARTÍCULO 87.— De sospecharse que el origen de la emergencia sea por acto incendiario, esta maniobra será realizada bajo la supervisión directa del Jefe de la Sección Operaciones u Oficial de Sector y con el apoyo de las unidades especializadas de la Policía.

ARTÍCULO 88.— Se realizarán las labores de Salvamento en presencia de los propietarios y/o Policía. En edificaciones de quincha, madera o con una antigüedad superior a los sesenta años, o estructuras que se hayan deteriorado ostensiblemente por el fuego, solo se retirará materiales o equipos, luego de la autorización expresa del Comandante del Incidente, Jefe de la Sección Operaciones y/o Oficial de Sector. El mismo que evaluará o solicitará, si lo considera necesario, el apoyo de un perito para determinar la estabilidad del lugar.

ARTÍCULO 89.— Los bomberos estarán atentos a cualquier daño adicional que pudiera estar sufriendo la estructura o propiedad y notificarán al Comandante del Incidente o Jefe de la Sección Operaciones, quienes coordinarán con el Jefe de la Sección de Planificación y los Técnicos Especialistas.

ARTÍCULO 90.— El Oficial de Sector encargado de la labor que identifique equipo pesado en el centro de un piso afectado por el fuego, hará todo lo posible por retirarlo o llevarlo solo o como miembro de un equipo a un lado de la pared.

ARTÍCULO 91.— En toda emergencia que por su naturaleza haya afectado los vidrios de las ventanas, éstos serán retirados de su lugar en coordinación con los propietarios. La operación se hará cercando el lugar y de arriba hacia abajo.

ARTÍCULO 92.— El agua de la edificación deberá extraerse en lo posible. Se iniciará la labor en los pisos superiores y se descenderá según se desagüe el lugar.

ARTÍCULO 93.— Los servicios de gas y electricidad deben continuar desconectados o desconectarse hasta que sean revisados por un especialista.

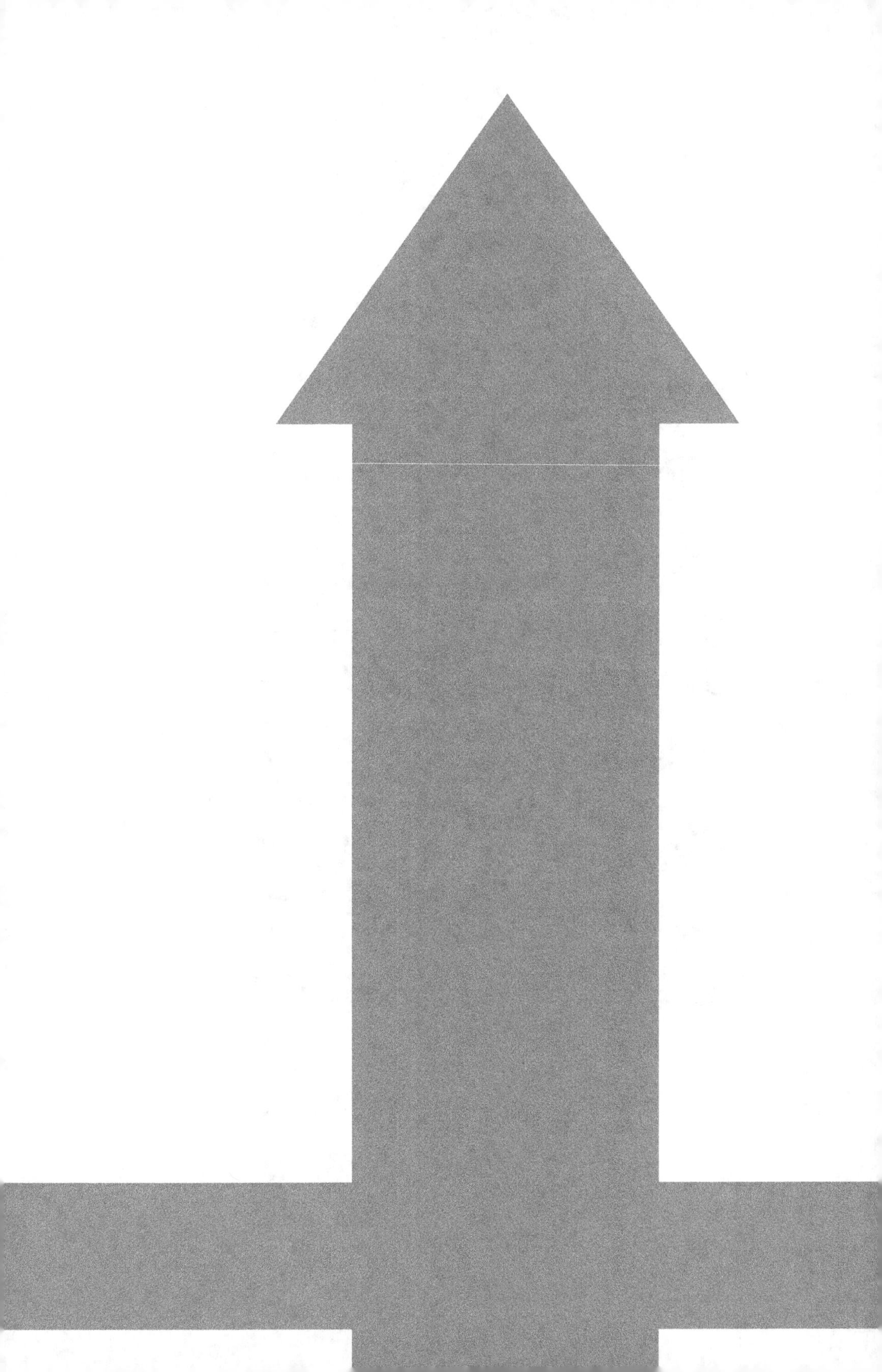

MANUAL PROCEDIMIENTOS EMERGENCIAS

Capítulo XI

Iluminación

ARTÍCULO 94.— En las operaciones nocturnas será prioritaria una correcta y adecuada iluminación de toda el área siniestrada.

ARTÍCULO 95.— El Oficial de Sector es responsable de verificar que el material de iluminación no sufra daños por caída o agentes externos.

ARTÍCULO 96.— Se utilizarán los reflectores para identificar condiciones inseguras, como materiales peligrosos, letreros, aberturas en los pisos, etc.

ARTÍCULO 97.— Toda extensión de cableado para la iluminación se hará de forma que no provoque tropiezos al personal.

ARTÍCULO 98.— Se evitará la inmersión del equipo de iluminación en agua aunque esté aprobado para ello. Los cables y conexiones de este tipo serán inspeccionados diariamente, al relevo de cada turno o guardia operativa. La inspección visual incluirá foco, acoples y cables de extensión. Cualquier daño en el mismo originará su reemplazo.

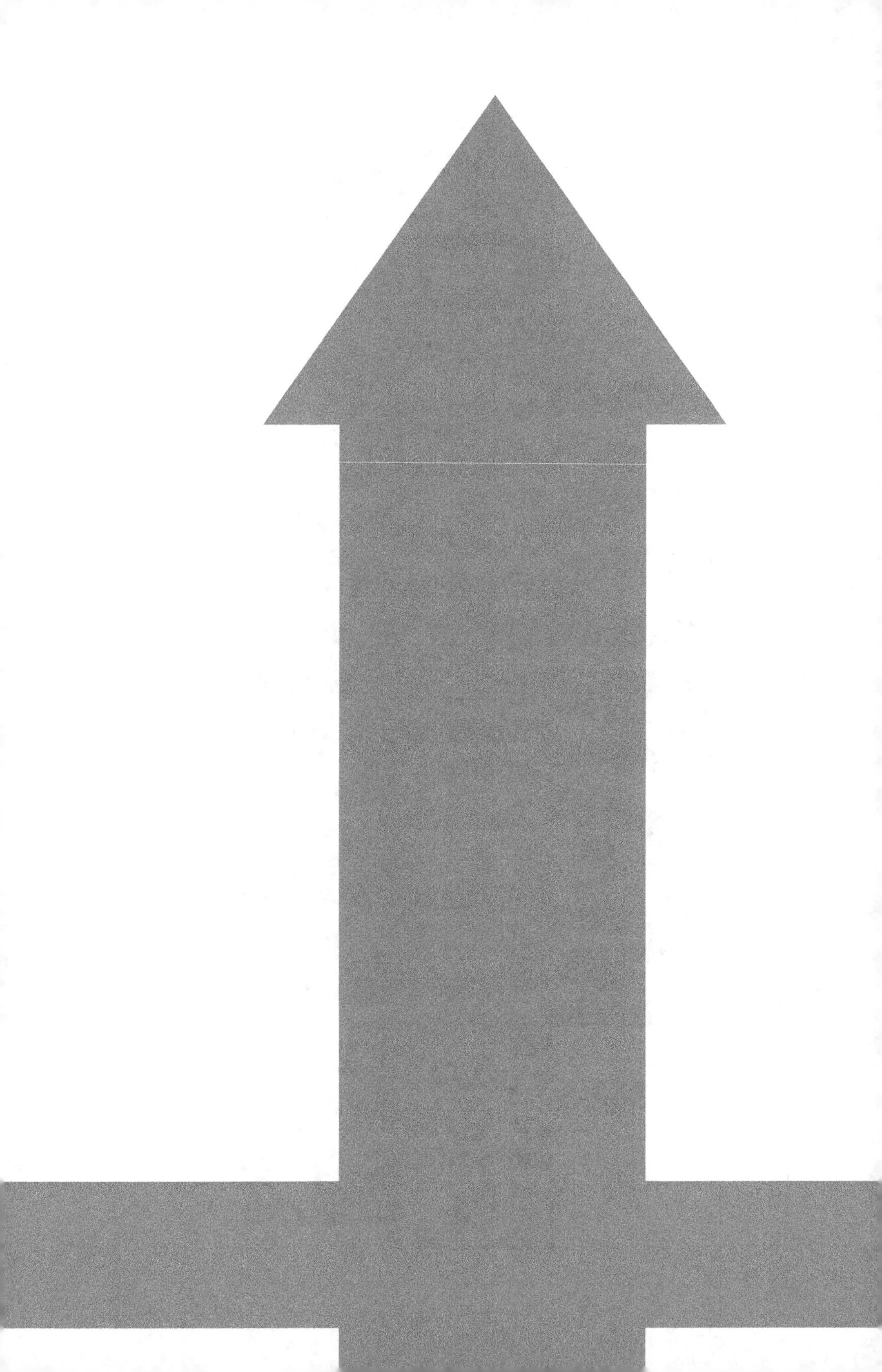

MANUAL PROCEDIMIENTOS EMERGENCIAS

Capítulo XII

ARTÍCULO 99.— Se iniciará esta operación solamente cuando se tenga un conocimiento pleno de la edificación.

ARTÍCULO 100.— Tendrán que tenderse una o más líneas de 1½", 1¾" o 2½" cargadas de agua y listas para operar antes de iniciar esta operación.

ARTÍCULO 101.— Para iniciar labores de ventilación cuando están involucradas más de dos unidades se requerirá de un Oficial de Sector.

ARTÍCULO 102.— Se considerará en todo momento el efecto que esta maniobra tenga en la seguridad del personal y en los posibles ocupantes del edificio.

ARTÍCULO 103.— Será el Comandante del Incidente, Jefe de la Sección Operaciones u Oficial de Sector, quien determinará el lugar y diámetro de las aberturas.

ARTÍCULO 104.— Los bomberos que desempeñen esta labor serán experimentados y constantemente supervisados.

ARTÍCULO 105.— Se preferirá la ventilación vertical antes que la horizontal, cuando sea posible y siempre y cuando esto no contribuya a exponer innecesariamente al personal, ni los contenidos de la edificación.

ARTÍCULO 106.— El Comandante del Incidente, Jefe de la Sección Operaciones u Oficial de Sector, tomará todas las precauciones para determinar el riesgo de explosión de humo o corriente invertida de aire (***backdraft***) en una habitación.

ARTÍCULO 107.— El Oficial de Sector dirigirá personalmente las maniobras que sean necesarias para neutralizar el efecto o fenómeno de la explosión de humo o corriente invertida.

ARTÍCULO 108.— Se protegerán con mangueras las vías de escape o salidas y ventanas de los posibles efectos de una explosión de humo o corriente invertida.

ARTÍCULO 109.— El Oficial de Sector debe asegurarse de que las vías de evacuación para el personal de bomberos sea adecuado y de que éste no se verá amenazado de ocurrir una explosión de humo o backdraft.

MANUAL

PROCEDIMIENTOS

EMERGENCIAS

Capítulo XIII

▶ Vehículos

ARTÍCULO 110.— Las unidades de emergencia se ubicarán a distancia no menor a (35) treinta y cinco metros de un vehículo con fuego sin carga peligrosa.

ARTÍCULO 111.— Será prioritaria la atención de heridos o víctimas antes que la extinción del vehículo.

ARTÍCULO 112.— El Oficial de Seguridad deberá extremar precauciones para evitar que sufra colisión algún vehículo de emergencia mientras se encuentre atendiendo la emergencia.

Artículo 113.— El Comandante del Incidente, Jefe de la Sección Operaciones u Oficial de

Sector es responsable de realizar el reconocimiento alrededor del vehículo y determinar si no existe cable eléctrico u otro agente que dañe al personal o sea reactivo al agente extintor a usar.

ARTÍCULO 114.— Siempre que sea difícil de determinar, los bomberos realizarán las maniobras defensivas del caso. Los bomberos serán precavidos a la fidelidad de la información proveniente de propietarios y/o vecinos.

ARTÍCULO 115.— Los bomberos no cerrarán, ni bloquearán el tránsito, de preferencia lo desviarán. Si el fuego abarcase a todo el vehículo o amenazará con la explosión del tanque de combustible o el estallido de neumáticos, la primera maniobra defensiva, se realizará de la siguiente forma:

- El bombero mantendrá una distancia no menor de 15 m. y en posición rasante.
- El bombero aplicará uno o dos chorros directos, tratando de extin-

guir cualquier fuego que a menace el tanque de combustible y neumáticos. El flujo no será menor de 125 G.P.M. y la presión de la boquilla no será menor de 100 P.S.I.

ARTÍCULO 116.— Será deber de los bomberos que participen en emergencias con amenaza de vehículos con artefactos explosivos, acordonar el lugar y realizar operaciones de evacuación. No deberán participar en otras acciones inherentes a la policía y a sus unidades de desactivación de explosivos.

ARTÍCULO 117.— En caso de encontrar una víctima que por consecuencia del siniestro haya fallecido, el Comandante del Incidente es responsable de no mover el cuerpo, salvo orden expresa del Juez de turno o a solicitud de la policía y en cuyo caso deberá firmar en el cuaderno de ocurrencia, indicando todos sus datos.

MANUAL

PROCEDIMIENTOS

EMERGENCIAS

Capítulo XIV

Materiales Peligrosos

ARTÍCULO 118.— La central de emergencias despachará las siguientes unidades como mínimo y como primera respuesta a la alarma:

- Una unidad de Materiales peligrosos.
- Dos Autobombas.
- Una Unidad Médica.
- Una Unidad Rescate.

ARTÍCULO 119.— Emergencias con gas L.P. en camiones tanques o tanques de plantas industriales requerirán un galonaje mínimo de 0.25 G.P.M./PIES^2 ó 12 LPM/M^2.

ARTÍCULO 120.— En emergencias de naturaleza explosiva o con riesgo de slopover o boilover, se trabajará con monitores.

ARTÍCULO 121.— La distancia mínima en emergencias en tanques de gas L.P. superiores a los 2.000 galones (7.570 Litros), para el parqueo de unidades de emergencias, será de 700 m. o de acuerdo a lo estimado por el Comandante de Incidencias y que se ajuste a los códigos y normas adoptadas para la atención de emergencias de esta naturaleza.

ARTÍCULO 122.— Las unidades de emergencia que atiendan incidentes con materiales peligrosos, estarán siempre a la distancia que recomienda el **Manual de Materiales Peligrosos** y en todo caso siempre estarán dispuestos de forma que puedan evacuar con rapidez (lado posterior del vehículo orientado hacia el incidente).

ARTÍCULO 123.— Cuando una emergencia involucre una guardia nocturna que haya intervenido en la atención de materiales peligrosos, ésta deberá salir fuera de servicio hasta el siguiente turno.

MANUAL PROCEDIMIENTOS EMERGENCIAS

Capítulo XV

Atención médica

ARTÍCULO 124.— El personal que asista en ambulancias y unidades médicas deberá tener certificación como EMT.

ARTÍCULO 125.— Todo bombero deberá estar certificado como EMT. El médico, EMT o paramédico, que se encuentre involucrado en la atención médica no podrá asumir el mando de operaciones contra incendio cuando éstas se realicen simultáneamente.

ARTÍCULO 126.— El Jefe responsable por la sanidad de los bomberos esta obligado a disponer la revisión medica del personal que asista a emergencias con materiales peligrosos.

MANUAL PROCEDIMIENTOS EMERGENCIAS

Capítulo XVI

▶ Recojo de material

ARTÍCULO 127.— Las unidades que se retiren de la emergencia deberán estar operativas. Salvo desperfecto mecánico o falta de combustible.

ARTÍCULO 128.— Cuando alguna emergencia dure más de tres horas podrá el Comandante del Incidente movilizar unidades con bomberos alumnos, para el recojo de mangueras y accesorios.

ARTÍCULO 129.— Otros artículos y accesorios podrían ser recogidos por otra unidad durante o al finalizar el incidente, previa coordinación. La devolución deberá hacerse en (24) veinticuatro horas contadas desde el retorno del vehículo a su base.

MANUAL

PROCEDIMIENTOS

EMERGENCIAS

Capítulo XVII

▶ Fenómenos naturales

ARTÍCULO 130.— En caso de catastrofe o emergencia nacional. Personal de emergencias se dividirá en dos áreas funcionales de trabajo para brindar:

- Asistencia a las familias de emergencistas.
- Asistencia a la comunidad.

ARTÍCULO 131.— Se establecerán sectores específicos donde los familiares de los emergencistas reciban alimentación, alojamiento, medicinas y otros servicios esenciales para el soporte de vida.

ARTÍCULO 132.— Es deseable generar un ambiente satisfactorio que permita tranquilidad psicológica a los equipos que responda a operaciones de ésta naturaleza.

ARTÍCULO 133.— Se desarrollarán actividades para el Manejo Psicológico del Duelo y Management Sress en las áreas funcionales.

ARTÍCULO 134.— Los equipos de respuesta no deberían utilizar agua de carros de bomberos para extinción salvo decisión contraria del Comando Unificado.

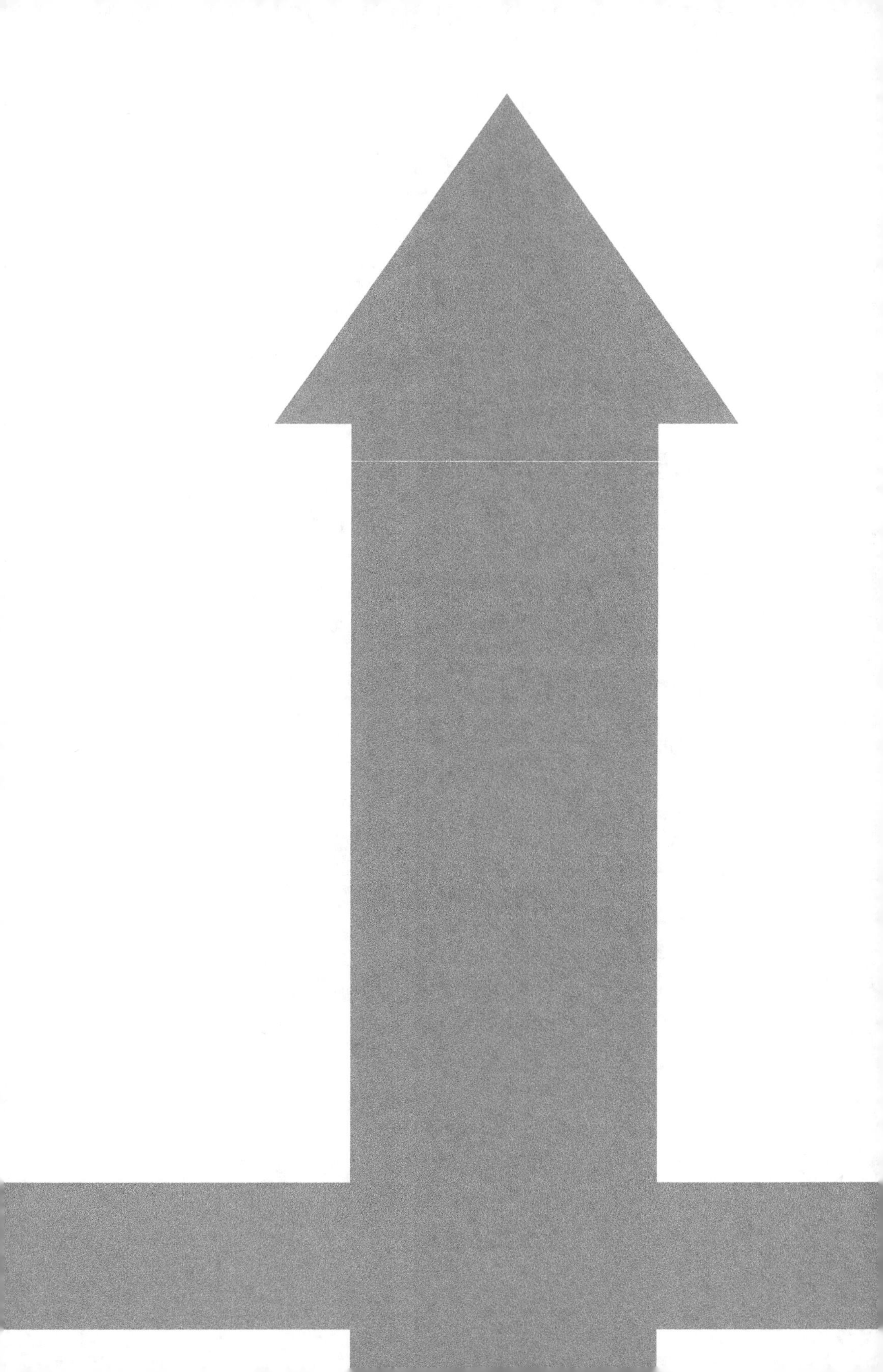

MANUAL PROCEDIMIENTOS EMERGENCIAS

Capítulo XVIII

Incendios Forestales

ARTÍCULO 135.— Equipos de Tierra se clasificarán en las siguientes categorías.

- Tipo 1: 16 miembros altamente calificados.
- Tipo 2: 16 miembros de entrenamiento parcial y equipo limitado que opera bajo restricciones.

ARTÍCULO 136.— Las funciones de los Equipos de Tierra es, despejar la vegetación alrededor de las estructuras en la interfase, apoyar a los vehículos de bomberos y bulldozer, preparar el terreno para los helipuertos, entre otras que se les asigne.

ARTÍCULO 137.— Los Strike Team y Task Force Leader, utilizarán el siguiente checklist antes de iniciar una misión:

- Tarjeta de Crédito.
- Dinero (billetes de baja denominación, evítese exceso de monedas).
- Ropa, botas, casco, gafas, etc.
- Accesorios de higiene personal (papel toilet, jabón, hojas de afeitar, toallas, tampones).
- Medicinas de uso personal.
- Botiquín de primeros auxilios médicos.
- Cantimplora.
- Comida no perecedera.
- Bolsa de dormir.
- Fire Shelter.
- Equipo de Respiración Autónomo si es requerido específicamente.
- Mascarillas de filtro.
- Linternas y baterías extra.
- 2 Radios portátiles por cada Strike Team o Task Force.
- Mapas.

- Vehículos motorizados a usar, combustible, aceite, batería extra, etc.

ARTÍCULO 138.— Es responsabilidad de los Strike Team y Task Force, revisar las instrucciones del incidente verificando los siguientes puntos: Tipo de incidente y localización, nombre del incidente si es conocido, número asignado a su Strike Team o Task Force, frecuencia de radio a utilizar, persona a la que deben reportarse radialmente.

ARTÍCULO 139.— Es deber de los Strike Team Leader y Task Force Leader:

- Revisar las tareas asignadas en cada misión con sus subordinados.
- Monitorear el progreso y realizar cambios de ser necesario.
- Coordinar labores con otros Strike Team y Task Force.
- Reportar cambios a su Supervisor o Director de Sucursal.
- Completar el ICS —214.

ARTÍCULO 140.— Los Equipos de Tierra Tipo 1 y 2 utilizarán el siguiente material de mano:

- Motosierras.
- Pulaski.
- Lampas de mango largo.

ARTÍCULO 141.— Los Aviones bombarderos serán clasificados en los siguientes tipos:

- Tipo 1: Tanques con capacidad de descarga de 7.570 Litros de agua (2.000 galones) o más.
- Tipo 2: Tanques con capacidad de 3.750 Litros de agua (1.000 galones) o más.
- Tipo 3: Tanques con capacidad de 3.020 Litros de agua (800 galones) o más.

ARTÍCULO 142.— El uso de helicópteros será para evacuación, reconocimiento y descarga de agua en las etapas incipientes de un incendio forestal.

ARTÍCULO 143.— Los helicópteros se clasificarán bajo la siguiente modalidad:

- Tipo 1: Unidades que puedan acarrear 16 personas o 2.270 Kg (5.000 Lbs.) o 2.650 Litros de agua (700 galones)
- Tipo 2: Unidades que pueden acarrear 9 personas o 1.135 Kg (2.500 Lbs.) o 1.136 Litros de agua (300 galones)
- Tipo 3: Unidades que puedan acarrear 5 personas o 544 Kg (1.200 Lbs.) o 375 Litros de agua (100 galones)
- Tipo 4: Unidades que puedan acarrear 3 personas o 272 Kg (600 Lbs.) o 284 Litros de agua (75 galones)

ARTÍCULO 144.— Los cargadores frontales o buldózer se clasificarán de la siguiente manera:

- Tipo 1: D—7 o D—8
- Tipo 2: D—5 o D—6
- Tipo 3: D—4 (ligero)

ARTÍCULO 145.— Un Strike Team de buldózer deberá contar con un Strike Team Leader y un total de 6 hombres.

ARTÍCULO 146.— Se utilizarán dos vehículos de bombero para interfase en forma conjunta, uno para maniobras estacionarias y otro para maniobras móviles. En ambos casos se requiere que los vehículos tengan identificación numérica en el techo de la cabina. Los dígitos serán de color visualmente detectables desde un avión y el tamaño de los mismo no será inferior a los 90 cm. por cada dígito.

ARTÍCULO 147.— Los vehículos de bomberos acarrearán el siguiente material estándar: 400 m. de manguera de 1½" o un mínimo de 800 m. en mangueras de 1".

ARTÍCULO 148.— Todo vehículo de bombero deberá tener un kit completo para primeros auxilios médicos, especialmente para la protección de ojos, cortaduras, deshidratación y quemaduras.

ARTÍCULO 149.— Se deberá proveer a cada vehículo que opere a una distancia superior de los 3.000 m. de Base o campamentos de alimentos para 5 días, aunque tenga previsto retornar en unos pocas horas.

ARTÍCULO 150.— Puede utilizarse espuma para la protección de viviendas y otros edificios en la interfase. El personal de emergencias que opere estos equipos deberán haber atendido un mínimo de 40 horas de academia en el uso y aplicación de espuma para la protección contra incendios.

ARTÍCULO 151.— El Comandante del Incidente frente a emergencias que involucre operaciones con más de 100 hombres deberá inmediatamente crear una estructura que le permita reporte de profesionales que actúen como:

- Observador de Campo (Field Observer—ICS—221—2)
- Observador de Clima (Weather Observer—ICS—221—2)

- Especialista Medioambiental (Environmental Specialist—ICS—221—5)

ARTÍCULO 152.— Deberá asegurarse el reporte climático. Un reporte cada tres horas en forma regular y avisos inopinados cuando un cambio súbito ocurra. Estos profesionales se establecerán en la Base.

ARTÍCULO 153.— El Comandante del Incidente priorizará la interfase urbana en la protección contra el fuego, concentrando todos sus recursos en la protección de la infraestructura construida.

ARTÍCULO 154.— La prioridad de la ciudad en la interfase urbana se establecerá en el siguiente orden:

- Edificios multifamiliares.
- Viviendas unifamiliares.
- Centros comerciales.
- Zonas industriales.
- Escuelas y centros de enseñanza.

ARTÍCULO 155.— Podrán establecerse Task Force para limpiar las zonas de alto riesgo durante un incidente, esto es despejar de pastizales 50 m. de diámetro de una edificio expuesto como mínimo.

ARTÍCULO 156.— En caso que vehículos de emergencias junto con Strike Force y/o Task Force queden atrapados por el fuego y no cuenten con Fire Shelter, se preferirá permanecer en el interior del vehículo antes que correr al exterior a zonas no despegadas de pastizales.

ARTÍCULO 157.— Strike Team o Task Force que operen en la cercanía de helicópteros utilizarán el siguiente equipo de protección personal.

- Gafas de seguridad.
- Casco.
- Botas con protección de acero para impacto.

ARTÍCULO 158.— Personal de emergencia que se aproxime a helicópteros lo hará desde el frente, con vista al piloto, no llevará obstáculos o equipos pesado a menos de 30 m. del helicóptero sin previo aviso al piloto, debiéndose confirmar y asegurar por radio o visualmente que el piloto conoce la cercanía de equipos, materiales o accesorios.

ARTÍCULO 159.— Operaciones de tierra y operaciones aéreas que involucren aviones bombarderos de agua deben ser estrechamente coordinadas y supervisadas en todo momento. Los equipos de tierra que operen en lugares que sean objetivos de bombardeo de agua deben ser retirados y la ubicación de los hombres debe ser reconocida desde el aire con señales visuales de humo de colores antes de iniciar la descarga de agua.

ARTÍCULO 160.— La distancia segura para Task Force y Strike Force será de 300 m. del punto inicial de descarga de agua del avión, punto que puede ser determinado mediante comunicación radial o visual.

ARTÍCULO 161.— Cargadores frontales o buldózer tendrán un supervisor de tierra por cada unidad motorizada que se ubicará a diez m. de distancia. Su función es la de tener una visión panorámica y coordinar la operación del equipo sin poner en riesgo a personal de tierra.

ARTÍCULO 162.— Se deberá tener cuidado de piedras, arbustos, troncos que puedan rodar en la operación de cargadores frontales o buldózer. Personal de tierra no se aproximará a la unidad hasta que este totalmente detenida. Combate de fuego con fuego se realizará solo después de un monitoreo en sito del viento, temperatura y humedad, de preferencia ese muestreo se realizará utilizando un higromanómetro, para la quema se utilizarán los siguientes equipos:

- Fusse.
- Drip Torch.

MANUAL PROCEDIMIENTOS EMERGENCIAS

Capítulo XIX

▶ Incident critique

ARTÍCULO 163.— El Comandante de Incidente u Oficial de Compañía es responsable de que todo incidente sea discutido libremente y sin celos profesionales con el objetivo de aprender de los errores cometidos y mejorar.

ARTÍCULO 164. — Incidentes mayores deben ser documentados para tal fin. En servicios de emergencia con más de 200 miembros se establecerá una unidad de documentación.

La unidad de documentación realizará las siguientes tareas:

- Fotografiar el incidente.
- Video documentar las operaciones.

- Registrar unidades, ubicación y tareas.
- Documentar los tiempos y operaciones esenciales.
- Estabecler un plano de planta de la escena
- Crear formularios para recuperar información y comentarios de personal en la escena.
- Establecer una secuencia de sucesos y actuaciones.

ARTÍCULO 165. — En incidentes donde hayan resultado bomberos heridos o lesionados, asi como se hayan producido muertes o lesiones graves de ciudadanos, se creará un archivo en PDF con las lecciones aprendidas para ser descargado desde la página Web del servicio de emergencia.Este documento debe estar abierto al público en general.

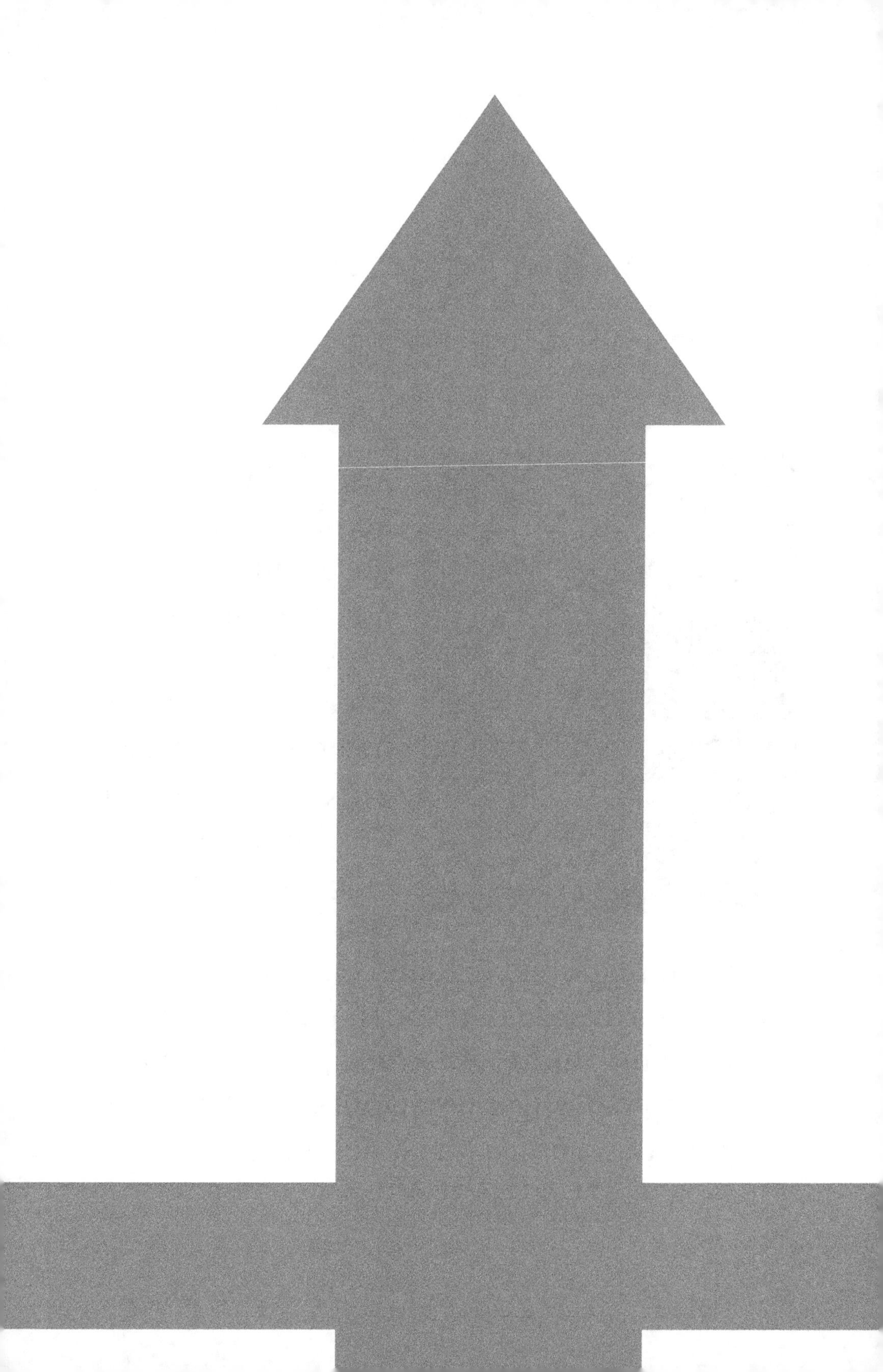

José Musse es el bombero más leído en idioma español. Tiene más de 26 años de experiencia combatiendo incendios. En 1996, introdujo el Sistema de Comando de Incidencias en América Latina. También creó simuladores virtuales 3D para entrenar bomberos. Desde 1998 luchó por introducir en los Estados Unidos, Australia y América Latina el concepto de gigantes aviones bomberos para enfrentar incendios forestales. Fue Director de

Operaciones y Jefe de Bomberos para el consorcio americano, canadiense y ruso Global Emergency Response, promoviendo el uso del avión Ilyushin—76.

El Programa de Medioambiente de las Naciones Unidas (UNEP) ha citado su trabajo por los incendios forestales en Bolivia, al igual que la Universidad de Syracusa en New York.

Recientemente un estudio de la Universidad de Kent sobre símbolos de emergencia también ha mencionado su aporte profesional en ese campo.

Actualmente es director del Centro de Entrenamiento de Bomberos Profesionales (Fire Training Center of Peru) Vive entre New York y Lima. Participa activamente dando conferencias alrededor del mundo, entrenando bomberos, y como consultor. Promueve nuevos método y sistemas. Ha escrito varios manuales sobre tácticas y técnicas contra incendio.

Desde hace 16 años dirige la revista ***Desastres.
org*** que busca aumentar la eficiencia operativa
de los bomberos hispanoparlantes.

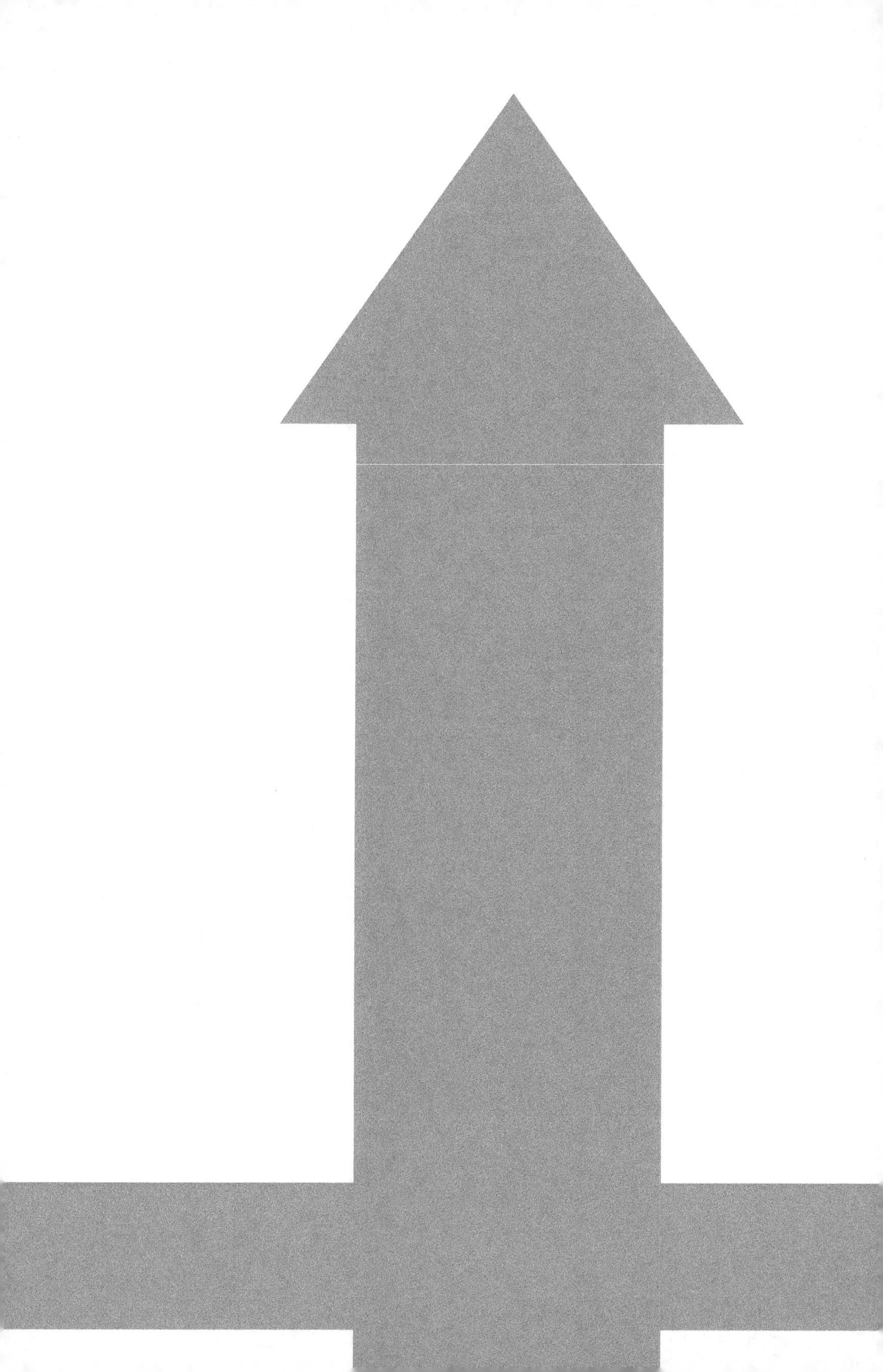